科学のアルバム

紅葉のふしぎ

佐藤有恒

あかね書房

赤《あか》や黄色《きいろ》に色《いろ》づいたカエデの葉《は》が、水《みず》に影《かげ》を落《お》としています。

空《そら》には、葉《は》が重《かさ》なりあい、太陽《たいよう》の光《ひかり》にすけてさまざまな色《いろ》どりをみせています。

紅葉《こうよう》は、冬《ふゆ》をむかえる木《き》ぎのひとときの姿《すがた》です。

もくじ

構成●七尾　純
イラスト●梅村城次
渡辺洋二
林　四郎
装丁●画工舎

➡ようやく紅葉《こうよう》がはじまった山《やま》のふもと。北国《きたくに》では，イネかりがおわって，もう，冬《ふゆ》じたくがはじまっていました。

⬅紅葉《こうよう》する北国《きたぐに》の山《やま》。頂上近《ちょうじょうちか》くからはじまり，山《やま》のすそにむかっておりてきます。北風《きたかぜ》のひとふきにあうといっせいに葉《は》を落《お》として，はだかの幹《みき》と枝《えだ》の樹海《じゅかい》がのこります。

北国《きたぐに》から紅葉《こうよう》の便《たよ》り

「紅葉《こうよう》をみにきませんか。」と北国《きたぐに》にいる友人《ゆうじん》から便《たよ》りがありました。十月中旬《がつちゅうじゅん》、色《いろ》とりどりにそまっている山《やま》を想像《そうぞう》して、胸《むね》をおどらせながら、わたしは北国《きたぐに》の山《やま》をたずねました。

北国《きたぐに》は、朝晩《あさばん》冷《ひ》え込《こ》んで、はく息《いき》が白《しろ》くなります。わたしは、さっそく高《たか》い山《やま》につづく沼《ぬま》のはしに立《た》ちました。遠《とお》くにみえる高《たか》い山《やま》は、紅葉《こうよう》のさかりです。でも、沼《ぬま》のまわりは紅葉《こうよう》がはじまりかけたばかりで、まだ、おおかた緑色《みどりいろ》の葉《は》をのこしています。

「少《すこ》しおくれているようです。」と、友人《ゆうじん》がすまなそうにいいました。

冷《つめ》たい風《かぜ》がうなりをたて、枝《えだ》をゆすってふきぬけていきます。

➡さまざまに色《いろ》づいた木《き》ぎ。赤《あか》や黄《き》、褐《かっ》色《しょく》など、木《き》の種類《しゅるい》や性質《せいしつ》によってそれぞれの色《いろ》にかわります。紅葉《こうよう》のすすみぐあいで、一本《ぽん》の木《き》、一枚《まい》の葉《は》の中《なか》にも、数《かぞ》えきれない変化《へんか》がみられます。

自然《しぜん》のステンドグラス

翌日《よくじつ》は、一日中《にちじゅう》冷《つめ》たい雨《あめ》がふりつづきました。つぎの日《ひ》、きのうとはうってかわってすばらしい晴天《せいてん》となりました。

沼《ぬま》は、一晩《ひとばん》でようすをかえました。まるで着物《きもの》をきがえたように、すっかり葉《は》から緑《みどり》が消《き》えて、木《き》という木《き》がすべて色《いろ》づいています。目《め》もさめるような変化《へんか》が、わたしたちをおどろかせました。

青空《あおぞら》にすけてみえる木《き》ぎの葉《は》は、色《いろ》とりどりで、ステンドグラスのようです。

広《ひろ》い葉《は》、細長《ほそなが》い葉《は》、手《て》のような形《かたち》の葉《は》。それらが重《かさ》なりあい、紅葉《こうよう》をさらに美《うつく》しくみせているのでしょう。

◀ハウチワカエデ

▶ヤマウルシ

◀ブナ

▶イタヤカエデ

▶コブシ

◀トチノキ

▶クリ

湿地帯《しっちたい》につづく山《やま》。紅葉《こうよう》のさかりをすぎ，はだかの幹《みき》と枝《えだ》がめだちます。

走《はし》りぬけていく秋《あき》

四日目《かめ》の朝《あさ》、また沼《ぬま》へいってみました。あざやかな色《いろ》とりどりの衣装《いしょう》をつけている木《き》も少《すく》なくなって、葉《は》をすっかり落《お》とした姿《すがた》がめだつようになりました。こずえがすけて、白《しら》じらとしています。

雲《くも》が影《かげ》をつくり、足《あし》ばやにとおりすぎていきます。雲《くも》が太陽《たいよう》のまえをよこぎると、きゅうに色《いろ》あせた風景《ふうけい》にかわります。

ふきつける北風《きたかぜ》に、また葉《は》がいっせいにこずえからはなれて飛《と》びちります。

古《ふる》い葉《は》を落《お》として、新《あたら》しい葉《は》と衣《ころも》がえをするのは、どの種類《しゅるい》の木《き》にもそなわっている植物《しょくぶつ》のしくみです。

春《はる》に芽《め》生《ば》えた葉《は》は、養分《ようぶん》をつくりつづけ、

➡葉《は》をすっかり落《お》としたからだで北風《きたかぜ》を切《き》る落葉樹《らくようじゅ》。はや足《あし》で流《なが》れていく白《しろ》い雲《くも》。ハウチワカエデの目《め》にしみる赤《あか》い葉《は》。足《あし》もとを，かわいた音《おと》をたてて枯《か》れ葉《は》がころがっていきます。

⬇初冠雪《はつかんせつ》の山《やま》やま。夏《なつ》がすぎて，その年《とし》はじめてふった雪《ゆき》を初冠雪《はつかんせつ》とよびます。かけ足《あし》で紅葉《こうよう》はおわります。（撮影《さつえい》、菅原光二《すがわらこうじ》）

枝《えだ》をのばし　幹《みき》をふとらせ、実《み》をならして、秋《あき》には役目《やくめ》をはたして散《ち》っていきます。

遠《とお》くにのぞむ高《たか》い山《やま》には、うっすらと雪《ゆき》が降《ふ》ったようです。〝初冠雪《はつかんせつ》〟です。

北国《きたぐに》には、もうすぐそこまで冬《ふゆ》がせまっているのです。

➡ケヤキの紅葉《こうよう》。やがて褐色《かっしょく》になります。

⬆雪《ゆき》の日《ひ》のケヤキ。ふきつける風《かぜ》をうけて，雪《ゆき》をつけた小枝《こえだ》をふるわせています。

⬆雪《ゆき》の日《ひ》のクスノキ。冬《ふゆ》の間《あいだ》も葉《は》をつけている常緑樹《じょうりょくじゅ》です。

街《まち》をかけぬける紅葉《こうよう》の季節《きせつ》

北国《きたぐに》の紅葉《こうよう》をみて帰《かえ》ると、まるで追《お》いかけるように、わたしのすむ東京《とうきょう》の街《まち》にも秋《あき》がおとずれました。

公園《こうえん》の木《き》をみにいってみました。サクラの木《き》ぎが、葉《は》を赤《あか》くそめています。

グラウンドのケヤキも、葉《は》の色《いろ》をそめています。ケヤキの木《き》の下《した》にいってみました。青空《あおぞら》を背景《はいけい》に、くるくるまわりながら葉《は》が落《お》ちていきます。

植物《しょくぶつ》は、冬《ふゆ》のおとずれに先《さき》だって、養分《ようぶん》をからだの中《なか》にしっかりとたくわえます。

冬《ふゆ》の間《あいだ》、落葉樹《らくようじゅ》は葉《は》を落《お》として休眠《きゅうみん》し、常緑樹《じょうりょくじゅ》は、葉《は》をつけたまま、寒《さむ》さにたえていきます。

新緑《しんりょく》の木《き》ぎ。いっせいに芽《め》ぶいて，もえぎ色《いろ》の葉《は》を広《ひろ》げます。

新緑《しんりょく》の季節《きせつ》

四月《がつ》、冬《ふゆ》の間《あいだ》かたくとじていたケヤキの芽《め》が少《すこ》しふくらんで、やがて開《ひら》きはじめました。芽《め》ぶきはひっそりとすすみます。大空《おおぞら》をうす緑《みどり》色《いろ》の点《てん》がうずめていくようすは、みずみずしさにあふれています。

わたしは、ケヤキが大《だい》すきです。花《はな》も実《み》もけっしてめだたない木《き》ですが、とてもじょうぶです。枝《えだ》を切《き》っても、すぐ芽《め》をだします。なん百年《びゃくねん》も生《い》きつづけ、わたしたちが手《て》をつないでかかえるほどの大樹《たいじゅ》に育《そだ》ちます。

新緑《しんりょく》は樹木《じゅもく》の春《はる》、紅葉《こうよう》は樹木《じゅもく》の秋《あき》のしるし。このみぢかな木《き》から、紅葉《こうよう》のひみつがみつかるかもしれません。わたしは、ケヤキの葉《は》の一年《ねん》を追《お》いかけてみることにしました。

⬅ケヤキのおばな(右《みぎ》)とめばな(左《ひだり》)。葉《は》の芽《め》ぶきといっしょに花《はな》をつけます。おばなもめばなも花《はな》びらがなく，4～5㎜の小《ちい》さな花《はな》です。おばなは数日《すうじつ》でいっせいに落《お》ち，地面《じめん》が黄色《きいろ》にみえるほどです。めばなは枝《えだ》の先《さき》のほうに，おばなは同《おな》じ小枝《こえだ》のもとのほうにならんでついています。

⬆ケヤキの芽《め》ぶき。どの枝《えだ》にも小《ちい》さな点《てん》のような芽《め》。鳥《とり》がきて，なにかをついばんでいます。

➡ケヤキの若葉《わかば》。冬《ふゆ》の間《あいだ》芽《め》をまもっていたから(鱗片葉《りんぺんよう》)が開《ひら》き，やわらかな葉《は》が日《ひ》ごとに広《ひろ》がっていきます。みあげる空《そら》がしだいにとざされて，葉《は》の育《そだ》っていくようすがわかります。

➡くわえていた葉《は》の切《き》れはしを落《お》とすヒヨドリ。ピッとひと声《こえ》鳴《な》いて、飛《と》びさりました。また、となりのコブシの木《き》にあつまって、白《しろ》い花《はな》びらをついばむヒヨドリもみられます。やわらかい植物質《しょくぶつしつ》もすきなのでしょう。

⬅ケヤキの葉《は》の切《き》れはしをくわえて飛《と》ぶオナガ。ケヤキの枝《えだ》で鳥《とり》の声《こえ》がにぎやかです。

朝早《あさはや》く、ケヤキの林《はやし》にいってみました。もう、ヒヨドリやオナガがきています。たがいに鳴《な》きかわしながら、枝《えだ》から枝《えだ》へ飛《と》びうつっています。

〝アリマキをついばんでいるのかな……〟

しかし、よくみていると、小枝《こえだ》の先《さき》にいって葉《は》を口《くち》にくわえています。そのうち、なにかにおどろいて、ヒヨドリは飛《と》びたちました。その瞬間《しゅんかん》、ヒヨドリの口《くち》から、緑《みどり》の切《き》れはしが、ハラリとまい落《お》ちるのがみえました。

ケヤキの木《き》の下《した》のあちこちに、くいちぎられた葉《は》が落《お》ちています。

若葉《わかば》は、やわらかくて、おいしいのでしょう。たくさんの虫《むし》や鳥《とり》たちのえさになっているようです。

①切《き》りとったケヤキの葉《は》を，よく水洗《みずあら》いする。

②ビーカーに葉《は》をいれ，熱湯《ねっとう》をそそいで5分《ふん》ほどおく。

③ビーカーの湯《ゆ》をすて，アルコールをそそぐ。

④ビーカーごとぬるま湯《ゆ》で，1時間《じかん》くらいあたためる。

実験《じっけん》1――緑色《みどりいろ》のひみつ

初夏《しょか》をむかえて、野《の》も山《やま》も、新《あたら》しい緑《みどり》でいっぱいです。街《まち》の中《なか》の木《き》ぎも、いっせいに葉《は》をのばしはじめました。

一枚《まい》一枚《まい》の葉《は》が、小《ちい》さな小《ちい》さな芽《め》の中《なか》にはいっていたとは思《おも》えないくらい、大《おお》きく広《ひろ》がっていきます。すけてみえるほどうすかった葉《は》も、だいぶ厚《あつ》みをましました。うす緑色《みどりいろ》だった葉《は》の色《いろ》が、日《ひ》に日《ひ》にこくなっていきます。

葉《は》の緑《みどり》がこくなっていくのは、葉《は》の中《なか》に、緑色《みどりいろ》の色素《しきそ》がふえていくからにちがいありません。

わたしは、ケヤキの若葉《わかば》を切《き》りとってきて、実験《じっけん》で葉《は》の中《なか》の色素《しきそ》をとりだして、たしかめてみました。

水洗《みずあら》いをしたあと熱湯《ねっとう》に5分《ふん》ほどつけたケヤキの葉《は》を，つぎにアルコールにひたし，容器《ようき》ごとぬるま湯《ゆ》であたためます。

葉《は》の色《いろ》がアルコールにとけだし，液《えき》が緑色《みどりいろ》になりました。ケヤキの葉《は》は白《しろ》っぽくなってしまいました。

色素《しきそ》がとけでたアルコール液《えき》をとりだしてみた。

色素《しきそ》がぬけた葉《は》。

ふつうの葉《は》。

葉《は》を拡大《かくだい》してみると，緑《みどり》のつぶがみえる。

光合成《こうごうせい》のしくみ

光《ひかり》の力《ちから》をかりて，水《みず》と二酸化炭素《にさんかたんそ》とから養分《ようぶん》をつくりだすことを光合成《こうごうせい》といいます。昼間《ひるま》つくられた養分《ようぶん》は，夜《よる》のうちに幹《みき》や根《ね》にはこばれていきます。

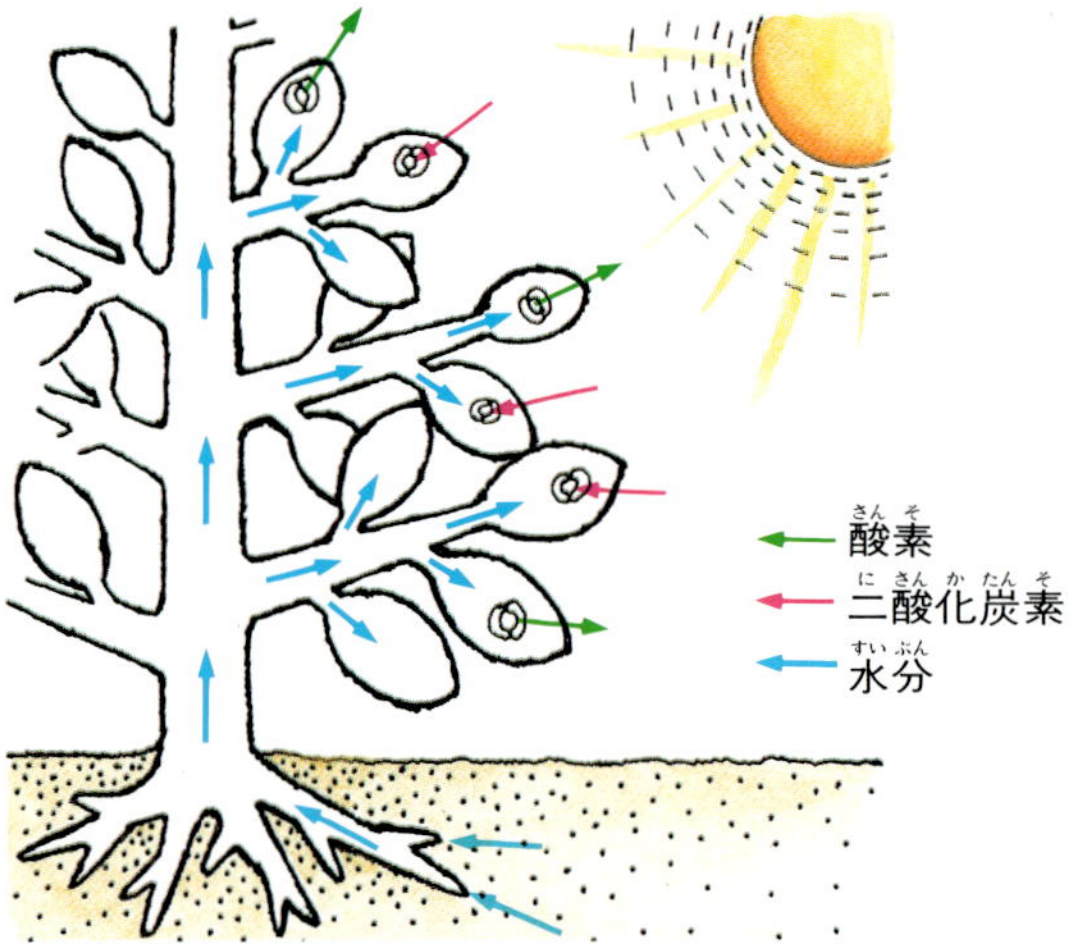

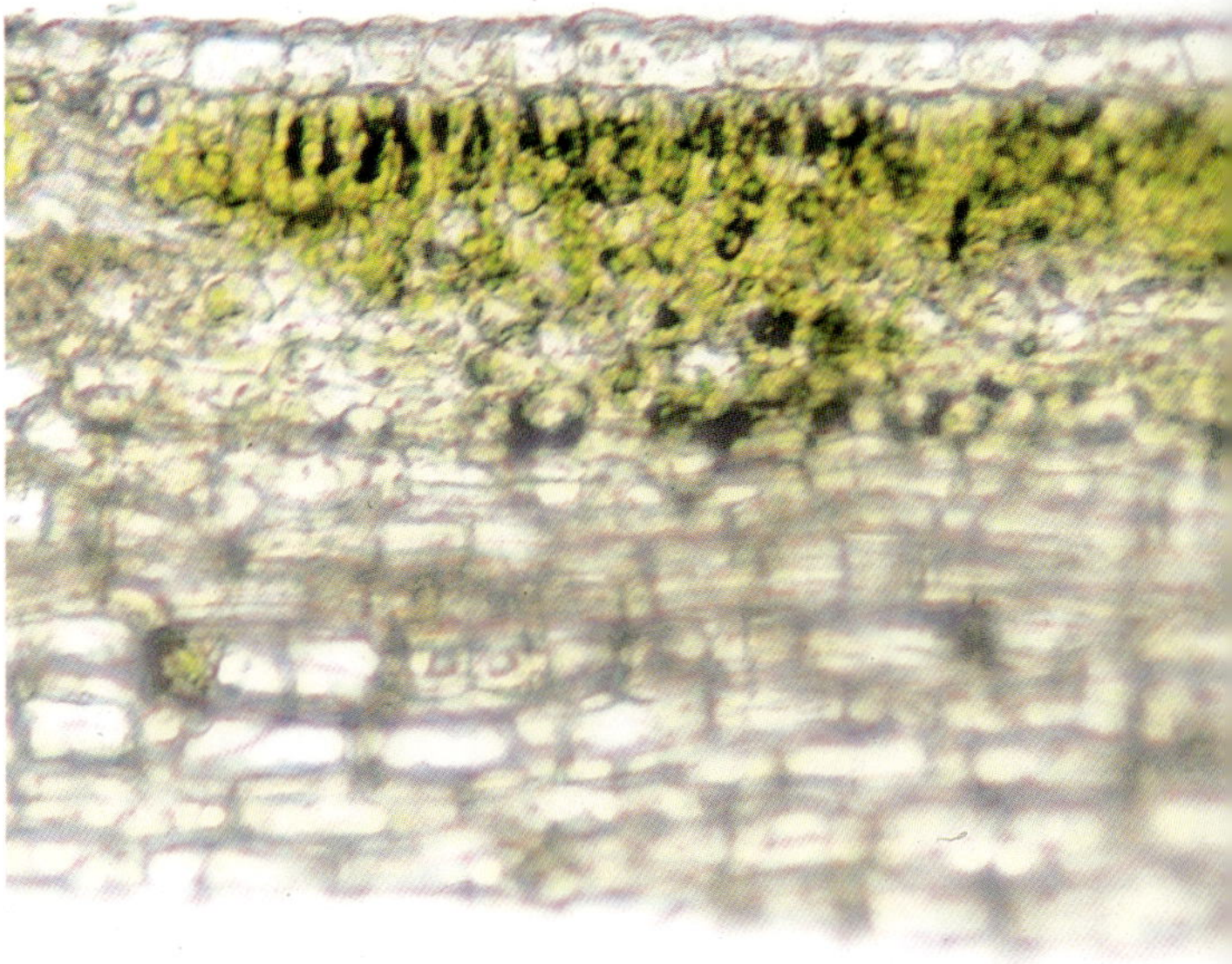

ケヤキの若葉《わかば》の断面《だんめん》。緑《みどり》のつぶが葉緑素《ようりょくそ》です。

実験《じっけん》2——色素《しきそ》の役目《やくめ》

緑色《みどりいろ》の色素《しきそ》は、葉緑素《ようりょくそ》（クロロフィル）とよばれる物質《ぶっしつ》です。葉緑素《ようりょくそ》は、地中《ちちゅう》からすい上《あ》げた水《みず》と、空気中《くうきちゅう》の二酸化炭素《にさんかたんそ》、それに太陽《たいよう》の光《ひかり》をつかい、成長《せいちょう》に必要《ひつよう》なでんぷんや糖分《とうぶん》をつくりだすはたらきをしています。

葉緑素《ようりょくそ》が、ほんとうにでんぷんをつくりだしているかをたしかめてみました。

夜《よる》のうちに、葉《は》に細《ほそ》く切《き》った銀紙《ぎんがみ》をはり、光《ひかり》があたるところと、さえぎられるところをつくります。翌日《よくじつ》の午後《ごご》、葉《は》を切《き》りとります。銀紙《ぎんがみ》をはずし、前《まえ》の実験《じっけん》と同《おな》じ手順《てじゅん》で色素《しきそ》をとりだした葉《は》を、ヨード液《えき》にひたします。すると、光《ひかり》があたった部分《ぶぶん》だけ色《いろ》がかわりました。そこだけでんぷんができているのです。

①前日《ぜんじつ》の夜《よる》のうちに，ケヤキの葉《は》を銀《ぎん》紙《がみ》（アルミホイル）でおおいます。朝《あさ》から日光《にっこう》をあて，午後《ごご》に切《き》りとります。

②実験《じっけん》１と同《おな》じ手順《てじゅん》で，緑色《みどりいろ》をとりだした葉《は》。アルコールの蒸発《じょうはつ》をふせぐために，しばらくふたをします。

③水洗《みずあら》いをしたケヤキの黄《おう》白色《はくしょく》の葉《は》を，水《みず》をはったシャーレにとり，ヨード液《えき》を１～２滴《てき》たらします。光合《こうごう》成《せい》ででんぷんができているところだけ，葉《は》の色《いろ》が茶色《ちゃいろ》にかわります。

➡若葉《わかば》を風《かぜ》にひるがえすケヤキ(左《ひだり》)とクスノキ(右《みぎ》)。クスノキは一年《ねん》分《ぶん》の葉《は》を春《はる》に交代《こうたい》させます。

⬇赤《あか》みをました，クスノキの新葉《しんよう》。

春《はる》の紅葉《こうよう》

ケヤキが緑《みどり》の葉《は》をのばしはじめるころ、公園《こうえん》のクスノキがいっせいに葉《は》を落《お》とします。クスノキは、新《あたら》しい葉《は》の芽《め》ぶきといっしょに古《ふる》い葉《は》を落《お》とします。みずみずしい黄緑色《きみどりいろ》の葉《は》が上《うえ》にのび、古《ふる》い葉《は》は下《した》をむいて色《いろ》づきます。

風《かぜ》がふいて小枝《こえだ》がゆらぐと、だいだい色《いろ》の葉《は》や赤《あか》くなった葉《は》がそろって落《お》ちます。クスノキの下《した》は、落《お》ち葉《ば》のじゅうたんです。このようすを、春《はる》の紅葉《こうよう》とよんでいます。

新《あたら》しい葉《は》は、あわい赤《あか》みをまし、ひとときかがやいて、やがて緑《みどり》の葉《は》になります。シイやカシがいっせいに葉《は》を落《お》として、黄緑色《きみどりいろ》の葉《は》にかわるのも、五月《がつ》です。

←クスノキが古《ふる》い葉《は》をすっかり落《お》とすと，ケヤキもクスノキも緑一色《みどりいっしょく》になります。

↓クスノキの赤《あか》い新葉《しんよう》は，やがて緑《みどり》色《いろ》になります。かわって古《ふる》い葉《は》は紅葉《こうよう》して下《した》に下《さ》がり，落葉《らくよう》します。

↓緑《みどり》の草《くさ》の上《うえ》に落《お》ちたクスノキの落《お》ち葉《ば》。

どの木《き》にも、古《ふる》い葉《は》を新《あたら》しい葉《は》にかえる季《き》節《せつ》があります。紅葉《こうよう》は、落葉樹《らくようじゅ》だけでなく常《じょう》緑樹《りょくじゅ》にもみられることがわかります。

イチョウの若葉《わかば》。一つの葉《は》の芽《め》から数枚《すうまい》の葉《は》が開《ひら》きます。イチョウの葉《は》もこい緑色《みどりいろ》にかわっていきます。

カキの若葉《わかば》。緑《みどり》は日《ひ》ましにこく，広《ひろ》く，厚《あつ》みをましていきます。

さまざまな芽《め》ぶき

春《はる》から初夏《しょか》にかけて、若葉《わかば》が街《まち》を野《の》を山《やま》をつつんでいきます。

ケヤキも、小《ちい》さな点《てん》にみえていた芽《め》が若葉《わかば》にかわり、五月《がつ》の風《かぜ》にひるがえります。若葉《わかば》は、ぐんぐん大《おお》きくなって空《そら》をうずめます。

一つ一つの葉《は》が、一まわりも二まわりも広《ひろ》く、大《おお》きくなっていきます。幹《みき》や枝《えだ》を育《そだ》てるために、葉《は》は光《ひかり》をうけて、どんどん養分《ようぶん》をつくりつづけます。

うす緑色《みどりいろ》の木《き》ぎの葉《は》をかきわけて、風《かぜ》がわたっていきます。

そよ風《かぜ》にゆれて、葉《は》うらをみせる若葉《わかば》のひるがえりをみていると、風《かぜ》の足《あし》をみたような気《き》がします。

➡公園《こうえん》によく植《う》えられるハナミズキ。アメリカうまれの木《き》です。花《はな》は葉《は》といっしょに，または葉《は》より早《はや》く開《ひら》きます。４枚《まい》の花《はな》びらのようにみえるものは，花《はな》びらではありません。“ほう”とよばれ葉《は》の変《へん》化《か》したもので，花《はな》をささえています。ほうの中央《ちゅうおう》に花《はな》があつまっています。ほうは白《しろ》や紅色《べにいろ》で美《うつく》しく，また秋《あき》には葉《は》がみごとに紅葉《こうよう》する木《き》です。
⬇若葉《わかば》のおいしげる公園《こうえん》の木《き》ぎ。

クルミの木《き》につくクルミハムシの成虫《せいちゅう》。卵《たまご》は葉《は》にうみつけられ，かえった幼虫《ようちゅう》はあつまって葉《は》をよく食《た》べます。葉《は》のすじをのこして食《た》べるので，葉脈《ようみゃく》があみめもようになってみえます。

ケヤキの葉先《はさき》が，どれもちぢれたようになりました。葉《は》の先《さき》を開《ひら》いてみました。中《なか》にさなぎがはいっています。ゾウムシのなかまです。短《みじか》いふん（口器《こうき》）がわかります。

葉《は》にあなをあけたのは……

ケヤキの葉《は》に、あなだらけになったり、少《すこ》し枯《か》れてみえるものがでてきました。葉《は》をとって調《しら》べてみると、小《ちい》さな甲虫《こうちゅう》が食《た》べているのでした。ゾウムシのなかまです。

枯《か》れてみえた葉《は》の先《さき》は、ふくろのようにふくらみがあって、中《なか》を開《ひら》くと、さなぎがでてきました。成虫《せいちゅう》も幼虫《ようちゅう》も、ケヤキの葉《は》を食《た》べています。

木《き》は、たくさんの虫《むし》たちを育《そだ》てています。葉《は》を食《た》べる虫《むし》、樹液《じゅえき》をなめる虫《むし》、木《き》の中《なか》を食《た》べる虫《むし》。そこにはまた、虫《むし》を食《た》べるさまざまな鳥《とり》たちがあつまってきます。

こうして豊《ゆた》かな森《もり》には、いろいろな生《い》き物《もの》のつながりがあることがわかります。

➡アブラゼミが鳴《な》きはじめました。セミは木《き》のしるをすいます。
⬇セミの飛《と》びさったあと，あふれでた樹液《じゅえき》がしずくになって光《ひか》ります。アシナガバチやアリがひきよせられてくるでしょう。

空《そら》をおおう葉《は》

七月《がつ》、ケヤキはもうすっかり夏《なつ》のよそおいです。葉《は》は、いよいよこい緑色《みどりいろ》になり、強《つよ》い太陽《たいよう》の光《ひかり》をうけとめます。葉《は》の中《なか》のクロロフィル工場《こうじょう》はフル回転《かいてん》で、養分《ようぶん》をつくりだしています。

ケヤキのからだの中《なか》では、根《ね》からすいあげられた水《みず》が枝《えだ》をとおり、葉脈《ようみゃく》を流《なが》れて、葉《は》のすみずみまでとどいているはずです。

また、葉《は》の中《なか》でつくられた養分《ようぶん》が、枝《えだ》や幹《みき》や根《ね》にくばられているはずです。

こうしてケヤキは、たくさんの葉《は》で夏《なつ》の太《たい》陽《よう》の光《ひかり》をつかまえ、幹《みき》をふとらせ、枝《えだ》をのばし、めばなのあとにできた実《み》を大《おお》きく育《そだ》てていくのです。

夏《なつ》の太陽《たいよう》を，いっぱいにあびるケヤキの木《き》。

→台風《たいふう》の強《つよ》い風《かぜ》に幹《みき》までゆらすケヤキ。

夏《なつ》のさかりに色《いろ》づいたカエデ(左《ひだり》)とヤマウルシ(下《した》)。８月《がつ》７日《か》，長野県《ながのけん》大町市《おおまちし》で撮影《さつえい》。２か月《げつ》も早《はや》く紅葉《こうよう》したのには，わけがあるのでしょう。たとえば，枝《えだ》をとおる水《みず》や養分《ようぶん》の道《みち》が虫《むし》に傷《きず》つけられたり，台風《たいふう》にいためつけられたりして。紅葉《こうよう》は，葉《は》の一生《いっしょう》のおわる前《まえ》の現象《げんしょう》なのですから。

台風《たいふう》の季節《きせつ》

夏《なつ》はまた、台風《たいふう》の季節《きせつ》です。

あまり強《つよ》い風《かぜ》にあうと、枝《えだ》と枝《えだ》がふれあって、葉《は》がちぎれたり、やぶれたりしてしまいます。せっかくのたいせつな緑《みどり》の工場《こうじょう》がうしなわれては、木《き》にとって大損害《だいそんがい》です。

夏《なつ》のある日《ひ》、緑《みどり》がおいしげる山《やま》の中《なか》で、そこだけ紅葉《こうよう》している木《き》をみました。まだ、どの木《き》もどの枝《えだ》もこい緑色《みどりいろ》の葉《は》をしているのに、その一本《ぽん》の枝《えだ》の葉《は》だけが赤《あか》くなっています。思《おも》いがけない虫《むし》の害《がい》や台風《たいふう》による傷《きず》がひきがねになって、そこだけ色《いろ》づいたのでしょう。

葉《は》が紅葉《こうよう》したのは、まもなく、葉《は》を落《お》とす〝衣《ころも》がえ〟のはじまりです。この枝《えだ》は、季節《きせつ》はずれの紅葉《こうよう》をおこしてしまったようです。

⬅夕日《ゆうひ》にシルエットをえがくケヤキ。
午後《ごご》の光《ひかり》が弱《よわ》まって，秋《あき》の気配《けはい》です。
一日《にち》の昼《ひる》の長《なが》さや，気温《きおん》の変化《へんか》を感《かん》じて早《はや》くから冬《ふゆ》の準備《じゅんび》をはじめます。
円内《えんない》はケヤキの実《み》。大《おお》きさ約《やく》4㎜。

➡ススキが穂《ほ》をだしました。

⬇ヌスビトハギにも実《み》ができました。

近《ちか》づく秋《あき》の足音《あしおと》

九月のはじめ、午後《ごご》の太陽《たいよう》に、少《すこ》し力《ちから》がなくなったように感《かん》じられます。ススキが穂《ほ》をだして、風《かぜ》になびいています。

少《すこ》しずつ昼《ひる》の長《なが》さが短《みじか》くなって、日没《にちぼつ》の時《じ》刻《こく》が早《はや》くなりました。夕方近《ゆうがたちか》くになると、気《き》温《おん》がきゅうに下《さ》がって感《かん》じられます。

木《き》は、このような気象《きしょう》の変化《へんか》を敏感《びんかん》にうけとめるしくみを、からだの中《なか》にもっていて、冬《ふゆ》にむかう準備《じゅんび》をはじめます。いままで枝《えだ》をのばし、幹《みき》をふとらせ、葉《は》をしげらせていた力《ちから》をとめるはたらきをはじめます。

木《き》の実《み》は成熟《せいじゅく》して、実《み》の中《なか》のたね̇が̇完成《かんせい》していきます。そしていっぽう、冬芽《ふゆめ》をつくりはじめます。

●青森県《あおもりけん》八甲田山《はっこうださん》付近《ふきん》の紅葉《こうよう》

（ある年《とし》の10月《がつ》中旬《ちゅうじゅん》）

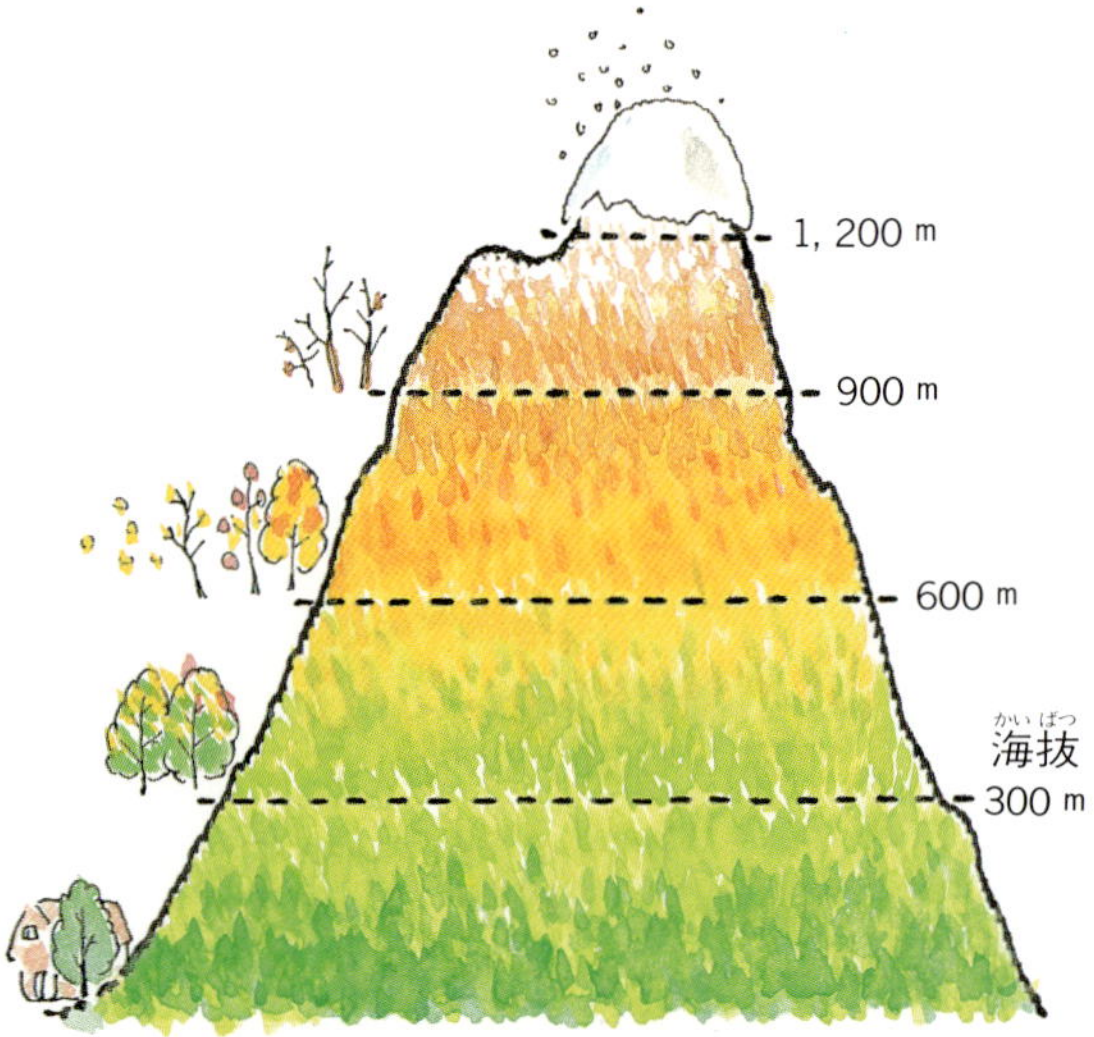

●イロハカエデの紅葉日《こうようび》

（気象庁資料《きしょうちょうしりょう》より）

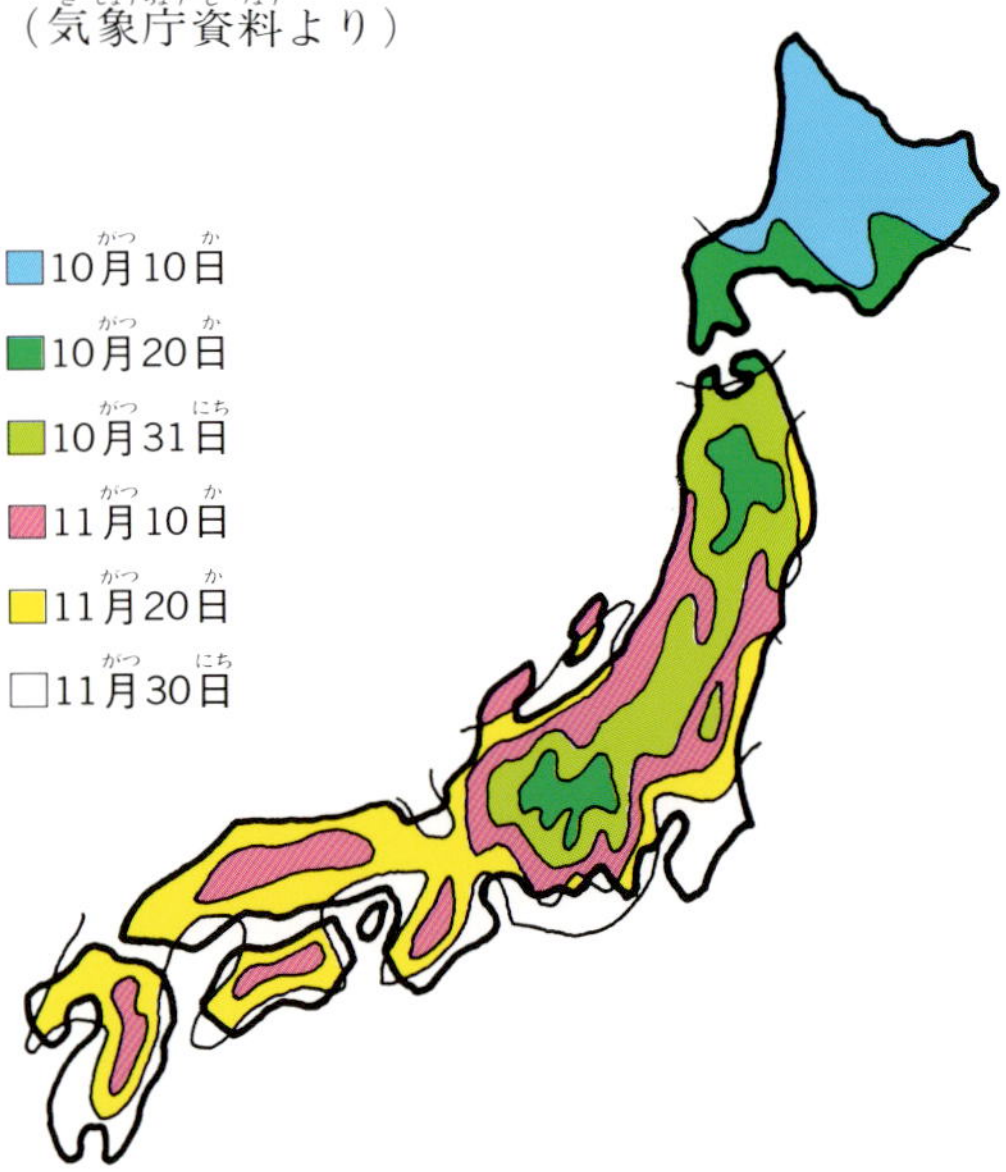

南下《なんか》する紅葉前線《こうようぜんせん》

十月《がつ》、北国《きたぐに》から、紅葉《こうよう》の便《たよ》りが聞《き》かれるようになります。

紅葉《こうよう》のすすむようすを、地図《ちず》の上《うえ》に線《せん》でむすぶと、紅葉前線《こうようぜんせん》になります。イロハカエデの紅葉前線《こうようぜんせん》は、およそ五十日《にち》で、日本列島《にほんれっとう》を北《きた》から南《みなみ》へとおりすぎていきます。

北国《きたぐに》の山《やま》で、三日前《かまえ》にはまだ緑《みどり》の葉《は》をみせていた木《き》ぎが、つぎの日《ひ》、雨《あめ》にあっていちどにかわりました。適度《てきど》な湿度《しつど》と、気温《きおん》が下《さ》がることで、いっせいに色《いろ》づいたのです。

北《きた》から南《みなみ》へうつる紅葉前線《こうようぜんせん》の速《はや》さは、一日《にち》に平均《へいきん》二十七キロメートルといわれています。木《き》ぎを色《いろ》づかせたかと思《おも》うと、たちまち葉《は》を落《お》としてすぎていきます。

➡黄色《きいろ》に色《いろ》どられた自然林《しぜんりん》。風《かぜ》の通《とお》り道《みち》の木《き》は，いちはやく色《いろ》づきます。あたりをうめつくす木《き》の種類《しゅるい》によって，色《いろ》どりはさまざまに変化《へんか》します。そのうえ，色《いろ》づき方《かた》には，山《やま》の北側《きたがわ》と南側《みなみがわ》という日《ひ》あたりによるちがいがあります。湿度《しつど》や土《つち》の性質《せいしつ》のちがい，年《とし》による気象《きしょう》のちがいなど，いろいろな条件《じょうけん》が重《かさ》なりあって影響《えいきょう》しているようです。

⬇ブナの幹《みき》にのこるコエゾゼミのぬけがら。まわりは黄色《きいろ》一色《いっしょく》に色《いろ》どられたブナの木《き》の林《はやし》です。ブナの林《はやし》の中《なか》にいると，黄色《きいろ》くそまってしまいそうです。こずえをゆすってとおりすぎる風《かぜ》の音《おと》だけが林《はやし》の中《なか》に聞《き》こえています。

紅葉《こうよう》は，太陽光《たいようこう》にすかしてみるといっそうかがやいてみえます。葉《よう》脈《みゃく》がうきあがってみえ，葉《は》のつくりがよくわかります。一枚《まい》の葉《は》にも，紅葉《こうよう》がはやくすすむところ，いくぶんおくれるところがあります。どのように紅葉《こうよう》がすすむか，葉《は》の中《なか》の“紅葉地図《こうようちず》”を図《ず》にかいて，記録《きろく》してみましょう。

⬆すっかり色《いろ》づいたイロハカエデの葉《は》。緑《みどり》色《いろ》はすっかり消《き》えてしまいました。

⬆赤《あか》く色《いろ》づきはじめたイロハカエデの葉《は》。葉《は》の先《さき》やふちから色《いろ》づいていくようです。

一枚《まい》の葉《は》の変化《へんか》

紅葉《こうよう》をはじめたカエデやカキの葉《は》を、日光《にっこう》にすかしてみましょう。

葉脈《ようみゃく》が、くっきりと地図《ちず》のように走《はし》っています。赤《あか》くなるのは、太《ふと》い葉脈《ようみゃく》からはなれたところからのようです。

虫《むし》の食《た》べあとから、色《いろ》がかわっている葉《は》があります。黄色《きいろ》い部分《ぶぶん》もあります。

一枚《まい》の葉《は》の中《なか》でも、ところどころ、まだ緑《みどり》ののこっている場所《ばしょ》があります。赤《あか》や黄色《きいろ》のこさは、けっしていちようではありません。

葉《は》の一部分《いちぶぶん》をみつめていると、まるで空《そら》から秋《あき》の地上《ちじょう》をみおろしているような気持《きも》ちになりました。一枚《まい》の葉《は》の中《なか》にも、紅葉前線《こうようぜんせん》がかくれているようです。

➡顕微鏡《けんびきょう》でみた緑《みどり》のツタの葉《は》の断面《だんめん》。表面《ひょうめん》のかたい部分《ぶぶん》と，ぎっしりつまっている緑《みどり》の組織《そしき》がみえます。赤《あか》いところはまだみあたりません。

➡赤《あか》いツタの葉《は》の断面《だんめん》。表面《ひょうめん》のかたい部分《ぶぶん》はかわりませんが，中《なか》みはすべて赤《あか》くかわっています。緑《みどり》と入《い》れかわってしまいました。

入《い》れかわる葉《は》の中《なか》の色素《しきそ》

紅葉《こうよう》しているツタの葉《は》をうすく切《き》りとって、顕微鏡《けんびきょう》でのぞいてみました。葉《は》の中《なか》には、小《ちい》さなふくろがならんでいます。この一つ一つが葉《は》の細胞《さいぼう》です。

葉《は》の緑色《みどりいろ》の部分《ぶぶん》と、色《いろ》づいた部分《ぶぶん》の細胞《さいぼう》をくらべてみると、細胞《さいぼう》のならび方《かた》にはかわりがありません。中《なか》の色《いろ》だけがかわっていることがわかります。

緑色《みどりいろ》の正体《しょうたい》は、葉緑素《ようりょくそ》（クロロフィル）のあつまりでした。色《いろ》づいた葉《は》の中《なか》には、葉緑素《ようりょくそ》はどこにもみあたりません。かわりに、細胞《さいぼう》の中《なか》は赤《あか》い色素《しきそ》でそまっています。紅葉《こうよう》がすすむうちに、葉《は》の細胞《さいぼう》の中《なか》で、なにか大《おお》きな変化《へんか》がおきているようです。

←川原《かわら》でみつけたヌルデの紅葉《こうよう》。ヌルデは，日《ひ》のあたる場所《ばしょ》をこのむ木《き》です。秋《あき》になると美《うつく》しく紅葉《こうよう》する野生《やせい》の木《き》です。よくみると，重《かさ》なった下《した》の葉《は》は，その部分《ぶぶん》だけ赤《あか》くならずに黄色《きいろ》です。なにか光《ひかり》と関係《かんけい》ありそうです。

↓紅葉《こうよう》したツタウルシ。山《やま》や海岸《かいがん》に多《おお》く，ほかの木《き》にからみついて育《そだ》ちます。

まだ葉《は》をつけているタラノキ。写真《しゃしん》は茎《くき》をつつむ葉《は》の柄《え》(葉柄《ようへい》)の部分《ぶぶん》。タラノキには，全体《ぜんたい》にするどいトゲがあります。葉柄《ようへい》と茎《くき》の間《あいだ》にまもなく“離層《りそう》”ができてはなれます。そっとさわっただけで，ハラリと落《お》ちてしまいます。

細胞《さいぼう》の中《なか》の色素《しきそ》は、どのようにして入《い》れかわったのでしょう。

秋《あき》になって気温《きおん》が下《さ》がると、木《き》は冬《ふゆ》じたくをはやめます。葉《は》と枝《えだ》との間《あいだ》に〝離層《りそう》〟とよばれる切《き》れ目《め》ができて、水《みず》や養分《ようぶん》をはこぶ管《くだ》をとざします。

葉《は》の中《なか》の葉緑素《ようりょくそ》がこわれて緑色《みどりいろ》が消《き》えると、いままでめだたなかったカロチノイドという黄色《きいろ》い色素《しきそ》がうきだしてみえます。これが黄《こう》葉《よう》です。カロチノイドも、葉《は》の中《なか》で養分《ようぶん》をつくりだす色素《しきそ》でした。葉緑素《ようりょくそ》にくらべ、こわれる速度《そくど》がおそいのです。

いっぽう、葉《は》の中《なか》にのこった糖分《とうぶん》がつかわれて、アントシアニンという赤《あか》い色素《しきそ》ができ、細胞内《さいぼうない》に広《ひろ》がります。それが紅葉《こうよう》です。

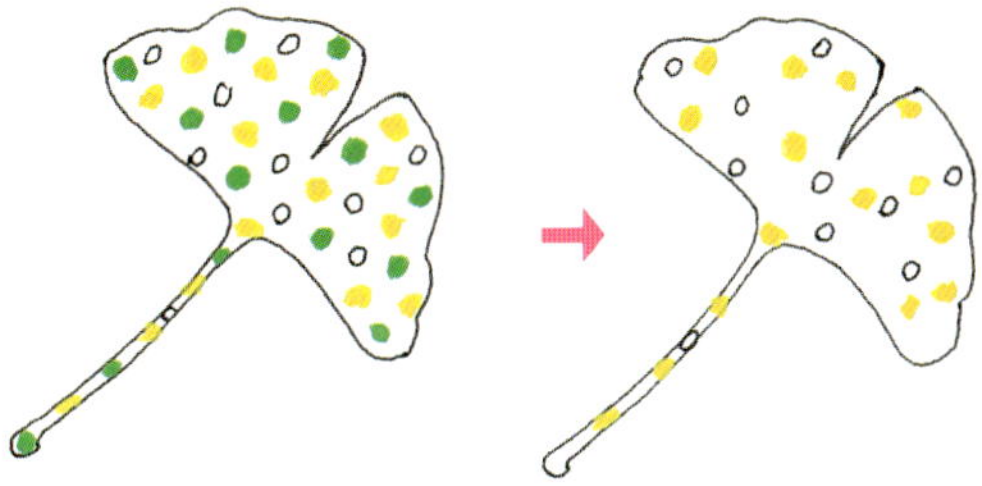

イチョウの黄葉《こうよう》。秋《あき》になり葉《は》のはたらきがとまると，緑《みどり》の色素《しきそ》のクロロフィルが早《はや》くこわれてカロチノイドの黄色《きいろ》がうきでてきます。イチョウは，赤《あか》い色素《しきそ》ができないうちに落葉《らくよう》してしまうのでしょう。

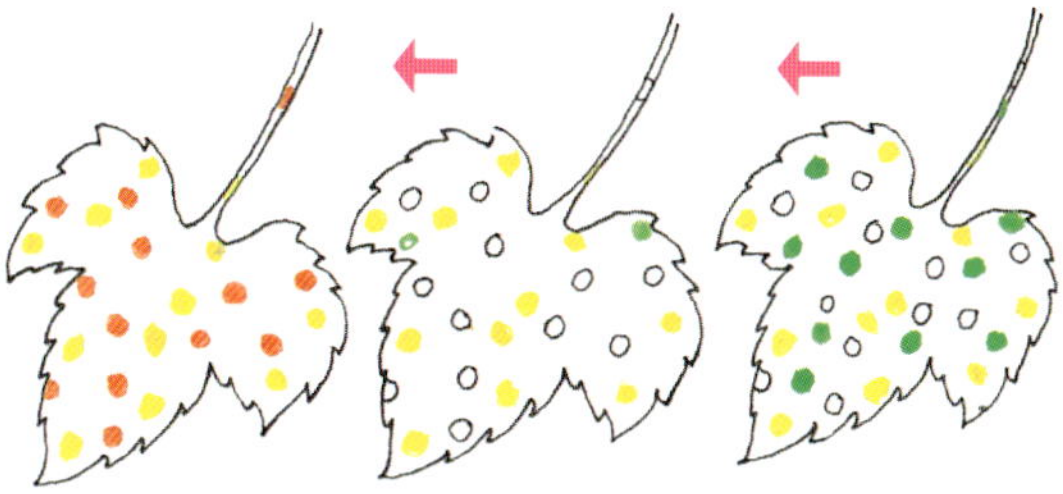

①色《いろ》づきはじめたころ，ツタの葉《は》をテープでおおって実験《じっけん》してみました。②赤《あか》く色《いろ》づきました。③おおいをとると，そこだけ黄色《きいろ》い葉《は》のままです。赤《あか》く色《いろ》づくためには，39ページのヌルデで予想《よそう》したように，光《ひかり》が必要《ひつよう》であることがわかります。

実《み》をつけたヨウシュヤマゴボウ。野生《やせい》の草《くさ》で，赤《あか》い色素《しきそ》のなかまを茎《くき》や葉《は》にもっています。葉《は》は，秋《あき》に赤《あか》くなります。緑色《みどりいろ》の葉《は》の切片《せっぺん》をつくり，顕微鏡《けんびきょう》でみました。緑色《みどりいろ》の細胞《さいぼう》がきれいにならんでいます。

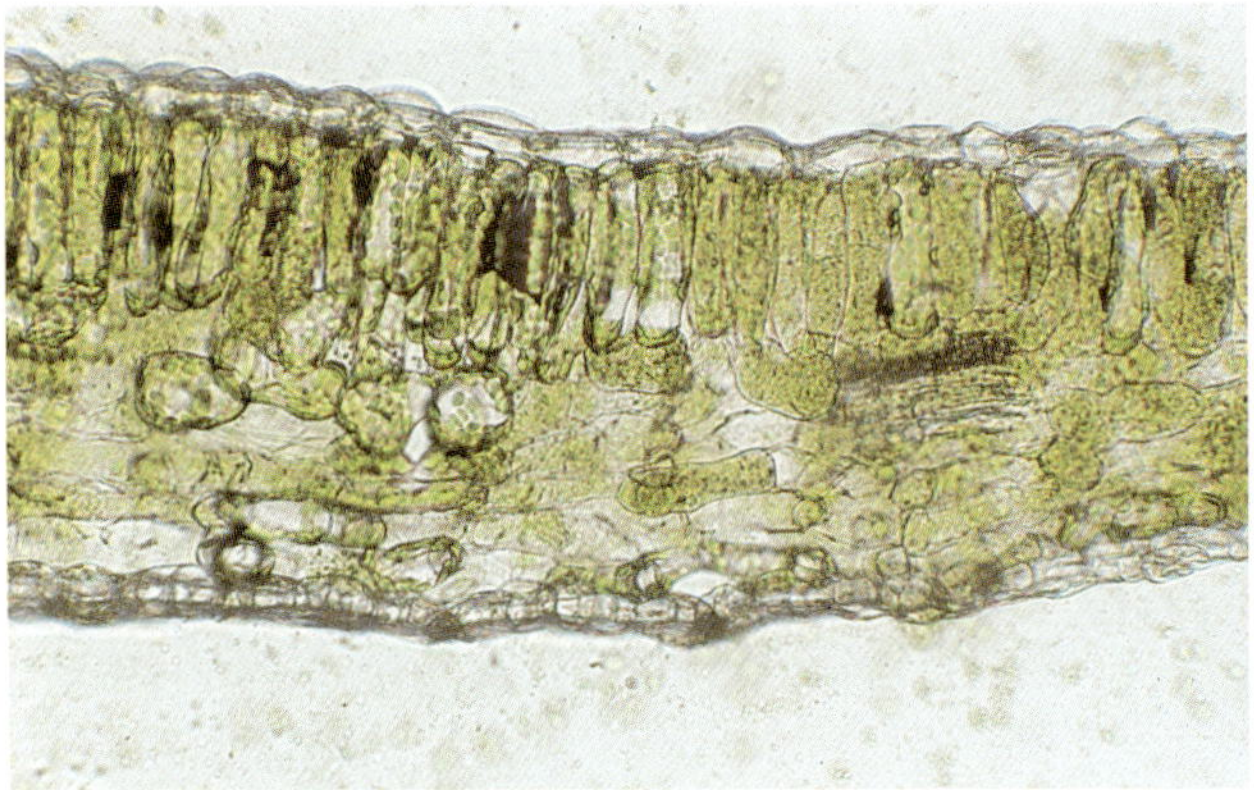

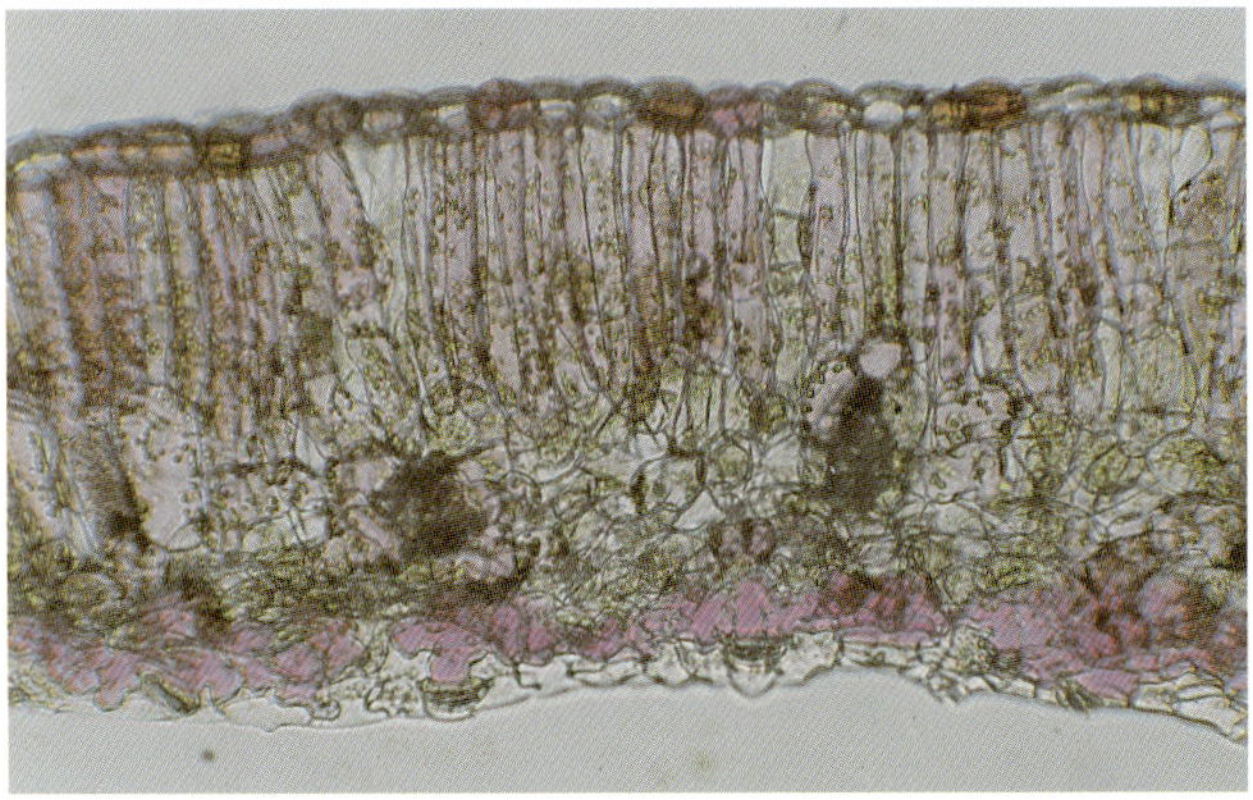

ヨウシュヤマゴボウの葉《は》が色《いろ》づきました。葉《は》の切片《せっぺん》をしらべてみると，細胞《さいぼう》の中《なか》が緑《みどり》色《いろ》からうす紅色《べにいろ》に入《い》れかわっています。ツタやヌルデでみたように，葉《は》の中《なか》が変化《へんか》したことがわかります。

入《い》り日《ひ》にすけて美《うつく》しいアカザ。

チガヤの草《くさ》もみじ。

色《いろ》の変化《へんか》を美《うつく》しくみせるのは、ケヤキやカエデ、イチョウなどの木《き》だけではありません。草《くさ》の中《なか》にも、あざやかに色《いろ》づくものがありまず。ヨウシュヤマゴボウやアカザなどです。草《くさ》の紅葉《こうよう》を〝草《くさ》もみじ〟といいます。

しずみかけた太陽《たいよう》の光《ひかり》にすけてみえる草《くさ》の葉《は》も、樹木《じゅもく》の紅葉《こうよう》とならんで美《うつく》しい姿《すがた》です。

紅葉《こうよう》は、木《き》ぎや草《くさ》の育《そだ》っているまわりの環《かん》境条件《きょうじょうけん》によって、さまざまな変化《へんか》をみせます。いまわかっている、美《うつく》しい紅葉《こうよう》のためのおもな条件《じょうけん》は、つぎの三つです。

1、昼《ひる》と夜《よる》の寒暖《かんだん》のちがいが大《おお》きいこと。

2、太陽《たいよう》の紫外線《しがいせん》にたくさんあたること。

3、適当《てきとう》な湿気《しっけ》があって、葉《は》が乾燥《かんそう》したり、枯《か》れてしまわないこと。

↑葉柄《ようへい》(40ページ参照《さんしょう》)のとれたタラノキ。葉柄《ようへい》をつつんでいたつけねに，小《ちい》さな冬芽《ふゆめ》があります。

↑まだ葉《は》をつけているカエデの冬芽《ふゆめ》の部分《ぶぶん》を縦《たて》にそぎとってみました。冬芽《ふゆめ》と古《ふる》い葉《は》の間《あいだ》に切《き》れ目《め》ができています。

落葉《らくよう》にそなえて

離層《りそう》ができあがると、葉《は》と枝《えだ》は完全《かんぜん》にわかれて、ほんの少《すこ》し風《かぜ》がふいただけでも、葉《は》はハラリと落《お》ちてしまいます。

葉《は》が落《お》ちるころには、葉柄《ようへい》と枝《えだ》の間《あいだ》あたりに、すでに冬芽《ふゆめ》ができています。冬芽《ふゆめ》は、ケヤキやサクラ、カキのようにうろこ状《じょう》の〝鱗《りん》片《ぺん》葉《よう》〟でいく重《え》にもつつまれているのがふつうです。冷《つめ》たい風《かぜ》や雪《ゆき》にあっても、こおったり傷《きず》つかないしくみです。

街路樹《がいろじゅ》にみられるプラタナスは、少《すこ》しかわっています。葉《は》のついている間《あいだ》、冬芽《ふゆめ》はみえません。古《ふる》い葉《は》の葉柄《ようへい》のもとが冬芽《ふゆめ》をつつむようにして、落葉《らくよう》まで保護《ほご》しています。葉《は》の落《お》ちたあと、いきなり冬芽《ふゆめ》があらわれます。

プラタナスの枝《えだ》を、葉《は》がついた状態《じょうたい》で縦《たて》にそいでみました。古《ふる》い葉柄《ようへい》がねもとで、すっぽり冬芽《ふゆめ》をつつんでいるようすがわかります。

離層《りそう》の部分《ぶぶん》から、きれいに離《はな》れて古《ふる》い葉《は》は落《お》ちます。あとに、冬芽《ふゆめ》がのぞきます。冬芽《ふゆめ》の中《なか》には、綿毛《わたげ》のようなものができています。

→ケヤキの落葉《らくよう》。落《お》ちはじめると，２～３日《にち》ですっかり葉《は》をなくしてしまいます。

←↓ケヤキの離層《りそう》の部分《ぶぶん》（下《した》）と，葉《は》が落《お》ちたあと（左《ひだり》）。細《ほそ》い管《くだ》のあとがみえます。切《き》れ目《め》は，やがてうすいまくでおおわれます。

落《お》ち葉《は》のおどり

北国《きたぐに》の街《まち》から積雪《せきせつ》の便《たよ》りがとどいたころ、公園《こうえん》のケヤキも、風《かぜ》にあおられて、いっせいに葉《は》を落《お》としはじめました。くるくるまいながら落《お》ちていきます。グラウンドの片《かた》すみから、うずをまいて落《お》ち葉《ば》がまいあがります。

葉《は》を落《お》としてしまうと、樹木《じゅもく》はもう、養分《ようぶん》をつくることはできません。これからは、葉《は》を落《お》とす前《まえ》にからだの中《なか》にたくわえておいた養分《ようぶん》で、きびしい冬《ふゆ》をすごすのです。

木《き》の種類《しゅるい》によって、たえられる温度《おんど》がちがいます。クスノキやシイは、零下《れいか》十五度《ど》、カエデやケヤキは、零下《れいか》二十五度《ど》の寒《さむ》さにもたえることができます。樹木《じゅもく》は成長《せいちょう》をとめ、冬《ふゆ》芽《め》をまもりながら春《はる》まで休眠《きゅうみん》します。

うず高《たか》くつまれたたい肥《ひ》の中《なか》で育《そだ》つカブトムシ(右《みぎ》)。オカダンゴムシもくちかけた葉《は》を食《た》べます(下《した》)。

落《お》ち葉《ば》のゆくえ

落《お》ち葉《ば》は、このあとどうなるのでしょう。土《つち》の中《なか》には、さまざまな生《い》き物《もの》がすんでいます。カブトムシの幼虫《ようちゅう》やオカダンゴムシ、ミミズ、とても小《ちい》さいトビムシやヒメフナムシなど。これらの虫《むし》はみんな、落《お》ち葉《ば》や腐葉《ふよう》土《ど》を食《た》べてくらしています。

落《お》ち葉《ば》は、さまざまな生《い》き物《もの》に食《た》べられ、消化《しょうか》され、ふんとしてからだの外《そと》へだされてゆっくりくちていきます。最後《さいご》には、キノコ、カビなどの菌類《きんるい》にのこりの栄養分《えいようぶん》をうばわれ、水《みず》や二酸化炭素《にさんかたんそ》などに分解《ぶんかい》されてしまいます。

こうして分解《ぶんかい》された水《みず》や二酸化炭素《にさんかたんそ》は、ふたたび養分《ようぶん》をつくる原料《げんりょう》としてつかわれて、木《き》や葉《は》を育《そだ》てる力《ちから》となります。

①ミズトビムシ
②ベニイボトビムシ
③ヒメフナムシ
④トゲトビムシ

トビムシは1平方《へいほう》メートルの土《つち》の中《なか》になん万《まん》びきもいて，落《お》ち葉《ば》を食《た》べています。はねをもたない原始的《げんしてき》な昆虫《こんちゅう》です。ほとんどが1～2㎜の虫《むし》でよくはねます。

↑流《なが》れに落《お》ちたツタの葉《は》。水中《すいちゅう》にしずんだ落《お》ち葉《ば》もみえます。

↑水中《すいちゅう》の落《お》ち葉《ば》の上《うえ》で皮《かわ》をぬいだカワゲラの幼虫《ようちゅう》。渓流《けいりゅう》にすんでカやブヨの幼《よう》虫《ちゅう》，また水中《すいちゅう》の植物質《しょくぶつしつ》を食《た》べています。

←水中《すいちゅう》でくちて重《かさ》なる落《お》ち葉《ば》。葉肉《ようにく》が分《ぶん》解《かい》されて，葉脈《ようみゃく》だけになってしまった落《お》ち葉《ば》もみえます。

ツバキは，２月《がつ》～４月《がつ》ごろ花《はな》をさかせます。ツバキは，零下《れいか》15度《ど》までたえられる木《き》です。葉《は》の切片《せっぺん》を顕微鏡《けんびきょう》でみると，ぎっしり細胞《さいぼう》がならび，緑色《みどりいろ》の色《しき》素《そ》がはいっています。この緑《みどり》の力《ちから》で，冬《ふゆ》でも花《はな》をさかせているのでしょう。

寒《さむ》さにたえる木《き》の知恵《ちえ》

冬《ふゆ》です。紅葉前線《こうようぜんせん》は、とうに日本列島《にほんれっとう》をかけぬけていきました。落葉樹《らくようじゅ》は、葉《は》を落《お》として休眠《きゅうみん》です。

いっぽう常緑樹《じょうりょくじゅ》は、葉《は》をつけたまま、寒《さむ》さにたえています。

寒《さむ》さのきびしい地方《ちほう》では、気温《きおん》が零下《れいか》二十度《ど》ちかくまで下《さ》がる日《ひ》がいく日《にち》もつづきます。

そんなときには、樹木《じゅもく》は、からだのしんまでこおってしまいます。

でも、こおっているのは細胞《さいぼう》と細胞《さいぼう》のすきまだけで、細胞《さいぼう》の中《なか》はこおっていないのです。

それは、細胞《さいぼう》の中《なか》の糖分《とうぶん》がふえるなどして、まわりが冷《ひ》えても、細胞《さいぼう》の中《なか》までこおらないしくみがはたらいているからです。

⬆雪《ゆき》の中《なか》のヒマラヤスギ。ヒマラヤ地方原産《ちほうげんさん》。寒《さむ》さに強《つよ》い常緑樹《じょうりょくじゅ》です。

⬇冬《ふゆ》の間《あいだ》も葉《は》をつけているアカマツ。マツは，スギとならんでわたしたちのくらしに役《やく》だつ常緑樹《じょうりょくじゅ》です。

⬇雪《ゆき》の中《なか》のクマザサ。イネ科《か》の植物《しょくぶつ》で，冬《ふゆ》の葉《は》には，白《しろ》く枯《か》れたふちどりができます。

←こおった雪《ゆき》の道《みち》と夕《ゆう》ぐれの中《なか》のケヤキ。やがておとずれる春《はる》をまちます。

↑冬《ふゆ》の間《あいだ》も枯《か》れ葉《は》をつけたままのコナラ。クヌギとともに，秋《あき》，褐色《かっしょく》に色《いろ》づいたあとも枯《か》れ葉《は》が枝《えだ》からはなれにくい性質《せいしつ》のある木《き》です。春《はる》，新《あたら》しい葉《は》がでると同時《どうじ》に古《ふる》い葉《は》を落《お》とします。

↓雪《ゆき》がとけて氷《こおり》となり，ケヤキの芽《め》をとじこめます。外側《そとがわ》を鱗片葉《りんぺんよう》でつつまれているので，冷《ひ》えても内側《うちがわ》はつぶれたり，こわれたりせずに，冬《ふゆ》を越《こ》します。

冬芽《ふゆめ》についた雪《ゆき》がこおって、つららができました。しかし、冬芽《ふゆめ》はかたい鱗片葉《りんぺんよう》におおわれ、そのうえ、だいじな細胞《さいぼう》の中《なか》みまでこおらないしくみがあります。チョウのさなぎが、零度《れいど》よりずっと低《ひく》い温度《おんど》に冷《ひ》えても冬越《ふゆご》しできるように、冬芽《ふゆめ》の中《なか》みもこおらないのです。

冬《ふゆ》の寒《さむ》さを経験《けいけん》すると、はじめて木《き》はねむりからさめて、葉《は》を開《ひら》く準備《じゅんび》ができるのです。

翌年《よくねん》の春《はる》がきて、気温《きおん》や昼《ひる》の長《なが》さが適度《てきど》になると、ケヤキは、また活動《かつどう》をはじめます。

わたしがみつづけてきたケヤキも、一まわり大《おお》きくなって風《かぜ》にむかい、鳥《とり》や虫《むし》たちをよぶことでしょう。

冬枯《ふゆが》れ、芽《め》ぶき、新緑《しんりょく》、紅葉《こうよう》、そして落葉《らくよう》。

日本列島《にほんれっとう》の四季《しき》は、樹木《じゅもく》の四季《しき》です。

あとがき

紅葉《こうよう》を追《お》いかけて、五年《ねん》たちました。どのテーマよりむずかしい相手《あいて》でした。いままで調《しら》べられている紅葉《こうよう》のひみつは、まだ研究《けんきゅう》の入《い》り口《ぐち》にあることがわかりました。葉《は》の中《なか》で変化《へんか》する色素《しきそ》のうつりかわりは、文字《もじ》で書《か》かれてあっても、わたしたちの目《め》にみえるようにとりだして写真《しゃしん》に撮《と》ることがむずかしいのです。

温度《おんど》、紫外線《しがいせん》、湿度《しつど》の三つは、紅葉《こうよう》にとってとりわけたいせつな条件《じょうけん》です。北国《きたぐに》の紅葉《こうよう》の名所《めいしょ》でも、その年《とし》の天候《てんこう》によって左右《さゆう》されています。台風《たいふう》があったり、なかったり、乾燥《かんそう》しすぎたりで、みごとな紅葉《こうよう》に出会《であ》えるのは、なん年《ねん》に一度《ど》といわれるほどです。

しかし、わたしのすきなケヤキの大樹《たいじゅ》をみているうちに、紅葉《こうよう》を知《し》ることは、草《くさ》や木《き》の一年《ねん》を調《しら》べることだと気《き》づきました。そこで、一枚《まい》の葉《は》を追《お》いかけて、わたしたちにもできそうな実験《じっせん》をしてみることにしました。そして、一枚《まい》一枚《まい》の葉《は》の一年《ねん》に、ほかの生《い》き物《もの》とおなじようなドラマがあることがわかりました。

（一九八五年九月）　**佐藤有恒**

佐藤有恒（さとう　ゆうこう）

一九二八年、東京都に生まれる。子どものころより昆虫《こんちゅう》に興味《きょうみ》をもち、東京都公立小学校に勤《つと》めながら昆虫写真を撮《と》りつづける。

一九六三年、虫と花をテーマにした個展《こてん》をひらき、翌《よく》一九六四年に、フリーのカメラマンとなる。以後《いご》、すぐれた昆虫生態《せいたい》写真を発表しつづける。

おもな著書《ちょしょ》に「アゲハチョウ」「テントウムシ」（共にあかね書房）などがある。

一九九一年、逝去《せいきょ》。

NDC471
佐藤有恒
科学のアルバム　植物15
紅葉のふしぎ

あかね書房 1985
56P　23×19cm

科学のアルバム
紅葉のふしぎ

著　者　佐藤有恒
一九八五年 九 月初版
二〇〇五年 四 月新装版第 一 刷
二〇二三年一〇月新装版第一一刷
発行者　岡本光晴
発行所　株式会社 あかね書房
〒一〇一－〇〇六五
東京都千代田区西神田三－二－一
電話〇三－三二六三－〇六四一（代表）
https://www.akaneshobo.co.jp
印刷所　株式会社 精興社
写植所　株式会社 田下フォト・タイプ
製本所　株式会社 難波製本

ISBN978-4-251-03388-8
定価は裏表紙に表示してあります。
落丁本・乱丁本はおとりかえいたします。

○表紙写真
・赤《あか》く色《いろ》づいたカエデの葉《は》

○裏表紙写真（上から）
・紅葉《こうよう》したツタウルシ
・プラタナスの枝《えだ》の断面《だんめん》
・一枚《まい》の葉《は》の変化《へんか》

○扉写真
・赤《あか》や黄色《きいろ》に色《いろ》づいたカエデの葉《は》

○もくじ写真
・季節《きせつ》によって色《いろ》を変《か》える自然林《しぜんりん》とカエデの葉《は》